U0166450

汉族

了不起的中华服饰（上）

杨源 著 / 枫芸文化 绘

中信出版集团 | 北京

图书在版编目（CIP）数据

了不起的中华服饰. 汉族 : 全2册 / 杨源著. -- 北京 : 中信出版社, 2023.3
ISBN 978-7-5217-4647-1

Ⅰ. ①了… Ⅱ. ①杨… Ⅲ. ①汉族－民族服饰－服饰文化－中国 Ⅳ. ①TS941.742.8

中国版本图书馆CIP数据核字(2022)第235691号

了不起的中华服饰·汉族（全2册）

著　　者：杨源
绘　　者：枫芸文化
出版发行：中信出版集团股份有限公司
（北京市朝阳区东三环北路27号嘉铭中心　邮编　100020）
承 印 者：北京瑞禾彩色印刷有限公司

开　　本：787mm × 1092mm　1/16　　印　　张：9　　字　　数：200千字
版　　次：2023年3月第1版　　印　　次：2023年3月第1次印刷
书　　号：ISBN 978-7-5217-4647-1
定　　价：90.00元（全2册）

出　　品：中信儿童书店
策　　划：神奇时光
策划编辑：韩慧琴　徐晨耀
责任编辑：韩慧琴　李银慧
营销编辑：孙雨露　张琛
装帧设计：李然　程心
排版设计：杨兴艳

序

中国是一个多民族的国家，在长期的历史发展中，各民族共同创造了璀璨辉煌的中华文明。各民族丰富多彩的传统服饰文化，体现了中华文化的多样性。

中国的民族服饰不仅在织绣染等工艺上技艺精湛，而且款式多样、制作精美、图案丰富，更是与各民族的社会历史、民族信仰、经济生产、节庆习俗等层面有着密切联系，还承载着各民族古老而辉煌的历史文化。

中国民族服饰的发展呈现了各民族团结奋斗、共同繁荣发展的和谐景象，也是当今中国十分具有代表性的传统文化遗产。

“了不起的中华服饰”是一套讲述民族服饰文化的儿童启蒙绘本。本系列图书以精心绘制的插图，通俗有趣的文字，讲述了中国十分有代表性的民族服饰文化和服饰艺术，也涵盖了民族的历史、艺术、风俗、民居、服装款式、图文寓意和传统技艺等丰富的内容。孩子们不仅可以在本套绘本中进行沉浸式的艺术阅读，同时还能学到有趣又好玩的传统文化知识。

中国素有“衣冠王国”的美誉，并对其他国家的服饰形成产生了深远的影响。中华民族传统文化历史悠久，汉族服饰经历了长期多样的演变，形成了独特的中华服饰体系。汉族服饰有着悠久的历史，是中华民族传统文化的重要组成部分，在世界服装史上也具有十分重要的地位。

目 录

汉族的名称由来

华夏族是汉族先民的古称,《左传》载,“楚失华夏”，通常认为这是关于华夏一词的最早记载。

华夏部落最早居于古代中国的西北部，华夏族先后建立了夏朝、商朝、周朝，之后秦始皇建立了中国历史上第一个中央集权君主专制国家——秦朝，各部落开始形成一个稳定的族体，并于秦汉时期形成了汉族。汉族之名自汉朝始称，汉族是中国主体民族。

黄帝
炎帝

中华服饰历史悠久，从北京周口店山顶洞人制造的骨针算起，至今已有 2.5 万年的历史。在纺织技术未发明之前，兽皮是人类制造服装的主要原料。

北京周口店山顶洞人的骨针

原始服装及佩饰

杨馆馆：小朋友，你知道骨针是怎么磨出来的吗？

骨针是远古人类的创造发明，北京山顶洞人遗留的骨针是远古人类用骨针缝制兽皮衣物的佐证。山顶洞人磨制的骨针，其小孔是两面对钻的，核心技术是先打孔，后磨针，这是人类钻孔技术发展到较高水平的标志。我国鄂伦春族在二十世纪五十年代还保留着这种古老的技术，用骨针和狍筋缝制狍皮衣物，体现了人类的生存智慧。

历代汉族服饰

汉族在几千年的历史发展过程中形成了优秀的服饰文化。在古代，逐渐演变出以上层社会为代表的宫廷服饰和以平民为代表的民间服饰，以“上衣下裳”和“上下连属”为基本服装形制，并包含冠帽、鞋履、佩饰等。先秦时期是汉族服饰发展的奠基阶段，基本形制从此逐步走向成熟。

历代汉族服饰都有着各自的时代特征和文化共性，既秉承着前代服饰的传统，又不断地创新发展。

不同的汉族服饰类型，如朝服（冕服）、婚服、礼服与中国文化和民俗节日息息相关，是中华文化的重要组成部分。

服饰具有精神和物质两重属性：政治、经济和文化观念给予服饰以内容、形式和规范，时代的物质生产和科技水平为服饰的发展提供了物质保障。服饰是一个民族的文化象征，也是民族思想意识、精神风貌和科学艺术的体现。

先秦时期主要包括了原始社会、夏、商、西周、春秋、战国这几个阶段。

先秦中的商周服饰在中国服装史上具有重要地位，奠定了上衣下裳和上下连属等中国服饰的基本形制，显示了中国传统图案富有寓意、色彩有所象征的民族传统审美意识。

商周贵族窄袖织纹衣

商周时期，华夏族的服饰形制主要是上衣下裳制，上衣为交领右衽式窄袖衣，衣长及膝，下裳即下裙，腰间系带，佩蔽膝、玉佩等。商代妇好墓出土的玉人穿着的便是当时的典型衣裳。

戴冠、穿窄袖衣的商代男子

据《周礼·春官》记载："王之吉服，祀昊天上帝，则服大裘而冕。"意为天子在举行重大祭祀时穿冕服。冕服是周代最具特色的服饰，由冕冠、中单、玄衣、下裳、舄履以及大带、蔽膝、佩绶等组合而成。玄即青黑色，是周代最为尊贵的颜色。

周代天子冕服

娃娃：冕服一般什么时候穿？

杨馆馆：冕服制度自周代始形成，祭祀大礼时，帝王百官皆穿冕服。
孔子所言“服周之冕”，便是以周代冕服为礼仪之服。
冕服制度对后世影响深远，深受历代帝王喜爱，一直沿用。

楚国妇女的曲裾深衣

春秋战国时期，服饰形式出现了重大变革：一个是深衣的出现，另一个是胡服的引进。

曲裾深衣衣裳相连，是春秋战国时期最盛行的服装式样。裾，即衣服的前襟，由于深衣的前襟被接出一段，穿时需绕至身后，这样就形成了“曲裾”，男女通用。后世的袍服、长衫都是在深衣的基础上产生的。

穿曲裾深衣的妇女

杨馆馆：推行“胡服骑射”，使赵国军事实力强大

赵武灵王倡导“胡服骑射”，率先引入胡服，使胡服在赵国军队中兴起。胡服的特征是短衣、长裤、裹腿，紧身窄袖，便于活动。胡服的引进使汉族兵服产生了很大改变，中原武士身着甲衣紧裤，披挂利落，赵国军事实力很快强大起来。

战国甲胄

戴冠、穿齐膝窄袖短衣的胡人武士

秦汉服饰在传承商周服饰的基础上，确立了一整套服饰制度，成为大一统王朝等级礼法制度的标志之一，使服饰成为身份、品阶以至官职的象征。

穿戴冕服的皇帝

秦汉时期皇帝穿冕服、戴冕冠，著赤舄，并有图像史料流传至今。秦始皇规定三品以上官吏着绿袍、深衣。

汉代皇帝的冕服绣有十二章纹，分别是日、月、星辰、群山、龙、华虫、宗彝、藻、火、粉米、黼、黻。十二章纹施于冕服各具有象征意义：日、月、星，取其光明之意，有三光之耀含义；龙，取其神之意，象征人君的善于变化；山，取其慎重的性格，象征王者能治理四方；华虫，取其有文采，象征王者有文章之德；宗彝，谓宗庙之上虎彝，取其勇猛之意；藻，取其水草之洁，象征冰清玉洁；火，取其明，火焰向上有率士黎归上之意；粉米，取其能养人之意，象征有济养之德；黼，取其金斧形，象征勇于割断之意；黻，取其两己相背，有背恶向善的含义。总之，这些章纹象征着帝王的品德和能力。

汉代皇帝冕服

男子服饰

秦汉时期男子以袍为贵，穿袍服。

袍服有曲裾袍和直裾袍两类款式。曲裾袍传承战国深衣式样，故也称为深衣。汉代四百年中，汉族男子一直把袍当作礼服。

官吏袍服

男子曲裾袍

秦汉官员身着袍、冠、履，还讲究佩绶，在腰带上垂挂玉饰以区分地位尊卑。

穿袍服的官吏

穿曲裾袍的男子

穿短衣短裤的农民

杨馆馆：气势恢宏的秦代“战甲”

秦始皇陵的兵马俑甲胄从形制、种类到制作工艺和编缀方法，皆丰富而精湛，称得上是中国之最。兵马俑石质甲胄的规格、形制、工艺与秦代实用甲胄相同，可以看出秦代已经具有一整套完备的甲胄体系。

甲胄是冷兵器时代将士的防护性“服装”，秦代甲胄是中国古代甲胄的代表作之一。1987 年，秦始皇陵及兵马俑坑被列入《世界遗产名录》，载誉世界。

杨馆馆：首服——头上的冠戴服饰

现代人所戴的帽子、头巾在古代都属于首服。此外，还有一种名叫“冠”的装饰类首服。

秦汉时期戴平巾帻，皇帝戴冕冠，官员戴进贤冠、长冠等冠帽，西汉的冠与秦冠一脉相承。

戴长冠的男子

戴平巾帻的男子

冕冠顶上有板，称为綖，前后有旒——就是綖板垂下的玉珠串，按等级差异分五旒、七旒、九旒，皇帝的冕冠前后各十二旒。綖板前低后高，意在规劝君王注重仁德。

皇帝冕冠

进贤冠

进贤冠在我国服饰史上影响深远，从汉代到唐宋，一直在文职人员的礼服中居重要地位。

帻是包发巾的一种，秦汉时皆用，有平巾帻、介帻等。

女子服饰

秦汉女子服饰崇尚深衣，分为曲裾深衣和绕襟深衣。此外还有袿衣，样式与深衣相似，都是秦汉女子的常服。襦裙和直裾袍也是秦汉流行女装，此时的襦裙式样，通常上衣极短，而裙子很长。直裾袍是用织锦制成的华丽袍服。

宽袖绕襟深衣

直裾锦袍
襦裙
穿曲裾深衣的妇女
曲裾深衣

秦汉鞋履有高头或岐头丝履，葛麻制成的方头单底布履，还有木屐。

汉代女子发式考究，首饰华丽。

戴金花簪的贵族妇女

梳坠马髻的妇女

根据出土女俑绘的戴花头饰妇女

魏晋南北朝服饰

魏晋南北朝时期政权更迭频繁，边境少数民族进入中原地区，各民族之间交错居住，少数民族服饰风格被汉族服饰接纳吸收。文化交流与融合带来了服饰上的革新，中华服饰文化取得了新的发展。

戴菱角巾、穿大袖衫的帝王

戴小冠，穿裲裆、大袖衫的男子

男子服饰

戴远游冠、穿大袖衫的东晋官吏及戴漆纱笼冠的随员

魏晋汉族男子服饰主要有长衫、裲裆、巾、远游冠、漆纱笼冠等，崇尚长衫。远游冠和漆纱笼冠是魏晋时期最为流行的一种男子首服，顾恺之在《洛神赋图》中描绘了穿着大袖衫、头戴远游冠的官吏。

男子大袖衫

男子漆纱笼冠

杨馆馆：宽衣博带、自由洒脱的魏晋文人

孝文帝改革之后，北魏已有宽衣博带的风尚。《晋书·五行志》中提到，“晋末皆冠小而衣裳博大”，“竹林七贤”等文人身着宽大的袍服，酣歌纵酒，不拘礼法，引得上至王公名士，下至黎民百姓竞相模仿。

戴幅巾、穿大袖衫的文人

魏晋南北朝时期汉族男子穿袍、襦、裤、裙等。袍是一种交领、直裾的宽大长衣，贵族和平民都可以穿。

首服主要有纶巾、幅巾，小冠、高冠、漆纱笼冠、梁冠、进贤冠、高顶帽等。远游冠是太子、诸侯王及官吏常戴的首服。

戴进贤冠的文官

魏晋南北朝时期，官吏多穿宽大的袍服，其内穿白纱中衣，外穿青色大袖衫、革带、蔽膝，脚穿乌舄。

女子服饰

魏晋南北朝时期汉族女子服饰主要有深衣、衫、襦、裙、袄等，服饰风格分为窄身与宽博，款式大多传承汉代。大袖衫裙款式多样，间色条纹裙也是当时流行的女装。

大袖对襟衫、长裙

大袖对襟衫、间色条纹裙

魏晋南北朝时期的首饰崇尚富丽，材质华贵，名目繁多。

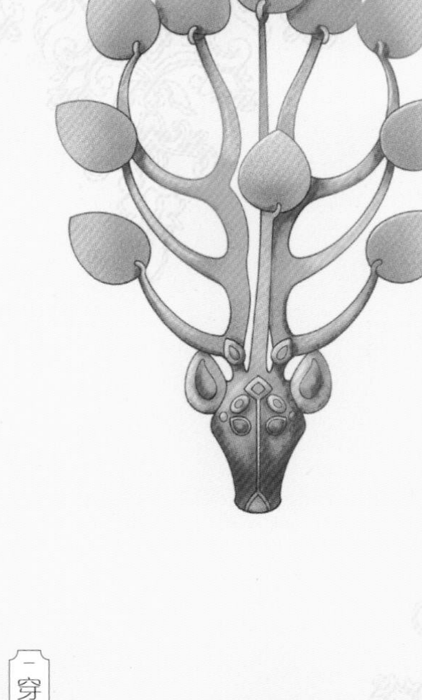

北朝鲜卑族马头鹿角形金步摇

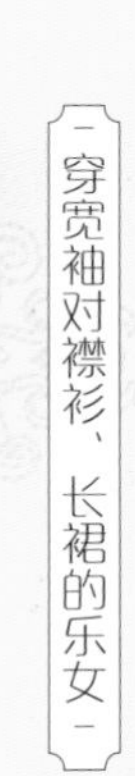

穿宽袖对襟衫、长裙的乐女

魏晋南北朝时期的鞋履不仅有丝履、锦履，还盛行木屐。穿着时鞋履露在衫裙外面，这些鞋男女都可以穿，但木屐不得在正式场合穿用。

织文圆头锦履

杨馆馆：魏晋南北朝时期深衣的变化

深衣在魏晋南北朝女子中仍然流行并有所发展，形成了杂裾垂髾服，主要变化在下摆。将下摆裁制成三角形，层层相叠，如同围裳之下伸出数条华丽飘带，走路时随风飘起，如燕子轻舞，有“华带飞髾”的形容。

杂裾垂髾服

穿杂裾垂髾服的妇女

隋唐是汉族服饰发展的重要时期，隋代恢复汉魏时期的冠冕仪制，为唐代服制的完善奠定了基础。政治稳定、经济发达、纺织技术的进步和频繁的对外交往，使唐代服饰发展空前繁荣。

戴冕冠、穿冕服的隋代皇帝

戴冕冠、穿冕服的唐代皇帝

大袖礼服

戴通天冠、穿大袖礼服的皇帝

冕服是隋唐时期最尊贵的礼服，帝王着冕服时戴冕冠，着大袖礼服时戴通天冠，通天冠也是等级最高的冠帽。

男子服饰

隋唐五代时期的男装分成两类：一类继承了北魏改革后的汉式衣冠，用作礼服；另一类继承了北齐及北周时的圆领袍，将头巾改为幞头，用作常服。百姓穿短衫，不允许用鲜亮色彩。此后，由汉魏时的单一服制变成两套服制并存的双轨制，相互补充并影响后世。

圆领袍衫也称为胡服，款式为圆领右衽，窄袖，衣长到脚踝，齐膝处有横襕，表示下裳。

胡服

隋唐创制的裹幞头、着圆领袍衫、穿乌皮靴的常服形式，是汉族与北方民族服饰相融合而产生的隋唐经典服饰。

戴硬脚幞头的男子

隋唐软脚幞头

杨馆馆：从头巾到幞头再到帽子的变化

幞头是隋唐时期汉族男子极为普遍的首服。最初，用一幅罗帕裹在头上，比较低矮。后来，在幞头下面另加衬垫，衬垫用桐木、丝葛或皮革制成，来保证幞头的外形。中唐以后，幞头渐渐发展成为帽子，名称依据式样而定。幞头之脚，初似带子，垂于肩颈，称为软脚。中唐之后的幞头之脚，犹如硬翅微微上翘，称为硬脚。

女子服饰

隋唐五代时期的女子服饰主要有襦裙、男装、胡服三种类型。

短襦长裙是隋代女服的基本样式，俏丽修长。唐代女子继承隋代的风气，喜欢穿短襦长裙，裙腰可提到腋下，用绸带系扎。襦裙是上衣下裳式女装的典型代表。

唐代短襦长裙、披帛女服

襦裙装束是中国古代女装中最为开放的着装风格，表现出唐代社会思想开放的时代背景。裙色有深红、杏黄、绛紫、月青、草绿等，其中石榴红裙流行时间最长。披帛是从帔子演变而来的飘带，绕于双臂，可以前后舞动。

隋代短襦长裙、披帛女服

半臂是襦裙的重要组成部分，半臂有点像现在的短袖衫，穿在襦裙的外面，多用彩锦制成。

穿短襦、袒领半臂及长裙的女子

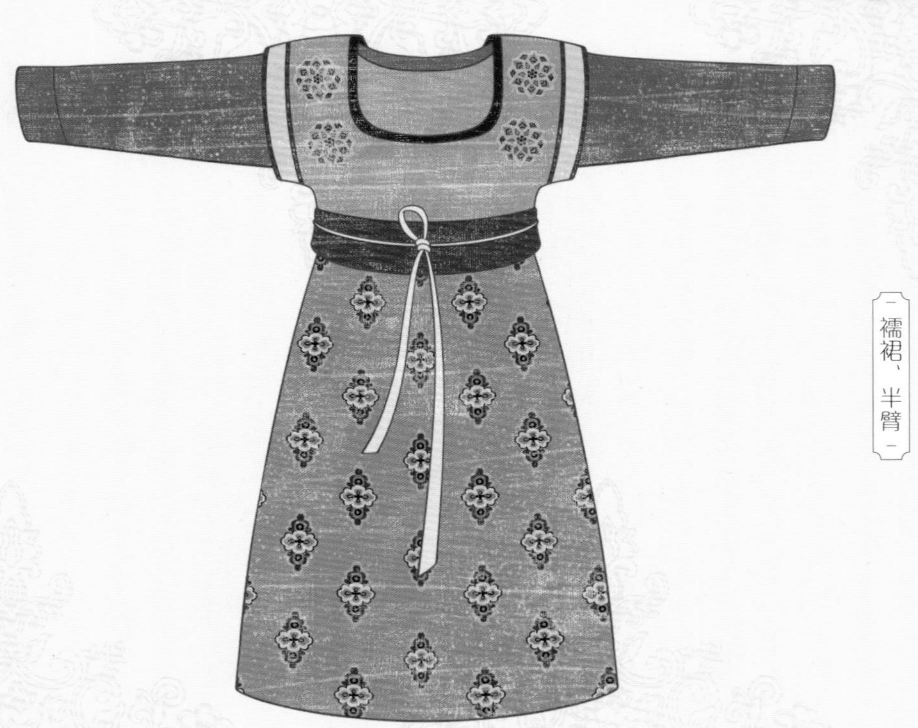

襦裙、半臂

袒领半臂、襦裙

隋唐女子流行穿鞋尖高翘式的重台履和云头锦履，与襦裙相配，履上织花或绣花。鞋尖上翘不仅具有装饰功能，还具有实用性。鞋尖上翘露在裙摆之外，既可以避免踩踏，又起到装饰作用。

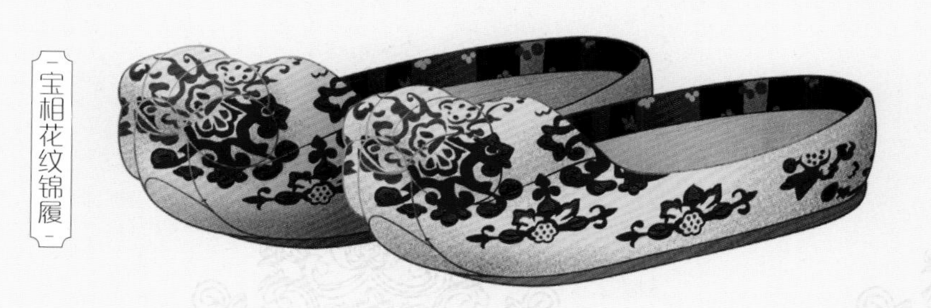

宝相花纹锦履

唐代女子装束的另一大特色是女穿男装——穿袍衫系、系玉带、戴幞头、着高靴。男女服装差异较小，女子着男装，显示出女性地位提升、自由开放的社会风尚。

戴浑脱帽的妇女

戴幞头、穿圆领袍衫、系革带的女官

隋唐五代女子也流行穿胡服。典型形象是头戴浑脱帽，身穿窄袖紧身翻领长袍，脚蹬高筒皮靴，腰系革带，佩刀剑饰物。

翻领对襟胡服、条纹裤、革带

穿胡服、束蹀躞带的妇女

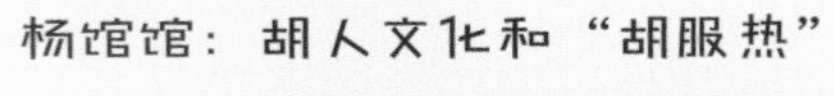

杨馆馆：胡人文化和“胡服热”

胡人是汉族对各少数民族的统称，随胡人而来的风俗、文化，尤其是胡服装束，使人耳目一新。初唐至盛唐期间，匈奴、契丹、回鹘等北方游牧民族与中原汉族交往非常多，来往骆驼商队络绎不绝。于是，“胡服热”席卷中原，尤其是首都长安、东都洛阳等地，饰品也具有异邦风韵。

唐代女子发式多样，有高髻、宝髻、螺髻、朝天髻等三十余种，髻上插金钗玉饰、鲜花或绢花。

唐代妇女髻式

梳宝髻，穿襦裙披帛、翘头履的妇女

饰花钿的妇女

梳凤冠宝髻、戴金花簪的贵族妇女

唐代女子妆容浓艳，面妆样式非常多，其中花钿是必不可少的。眉式也花样繁多，有十余种。唐代妆容的盛况延续至五代，北宋时犹存。

五代时期的女子服饰由宽衣大袖逐渐转变为窄细合体，披帛越来越细长。襦裙已经落到腰间，裙带窄长，系好后两端垂在裙侧。盛唐的雍容丰腴之风，到五代时期已经被秀润妩媚之气所取代，妆容变得淡雅。

穿襦裙、披帛的妇女

通天冠

宋代分为北宋和南宋两个时期。北宋定都开封（今河南开封），工商业、农业和手工业发展迅猛，都城富丽、汴梁繁华。南宋定都临安（今浙江杭州），位居江南鱼米之乡，经济发达，促进了服饰的进一步发展。同时，宋代理学的兴起使服饰趋于简洁质朴、淡雅恬静。

绛纱袍、蔽膝、方心曲领

男子服饰

北宋初期，官制和服饰大多承袭唐代。隋唐时期的幞头，发展到宋代，已成为男子的主要首服。

宋代男子的朝服式样基本沿袭唐代，黄色仍是皇帝专用，佩戴蔽膝和方心曲领。方心曲领佩饰源于唐代，在宋代兴盛。

戴展脚幞头的皇帝

戴通天冠、穿绛纱袍、佩方心曲领的皇帝

宋代男子公服是指官吏君臣日常会见或在衙署办公时的穿着，是官吏的正服，比朝服低一等。宋代男子公服以襕袍为主，襕袍出现于唐代，盛行于宋代。

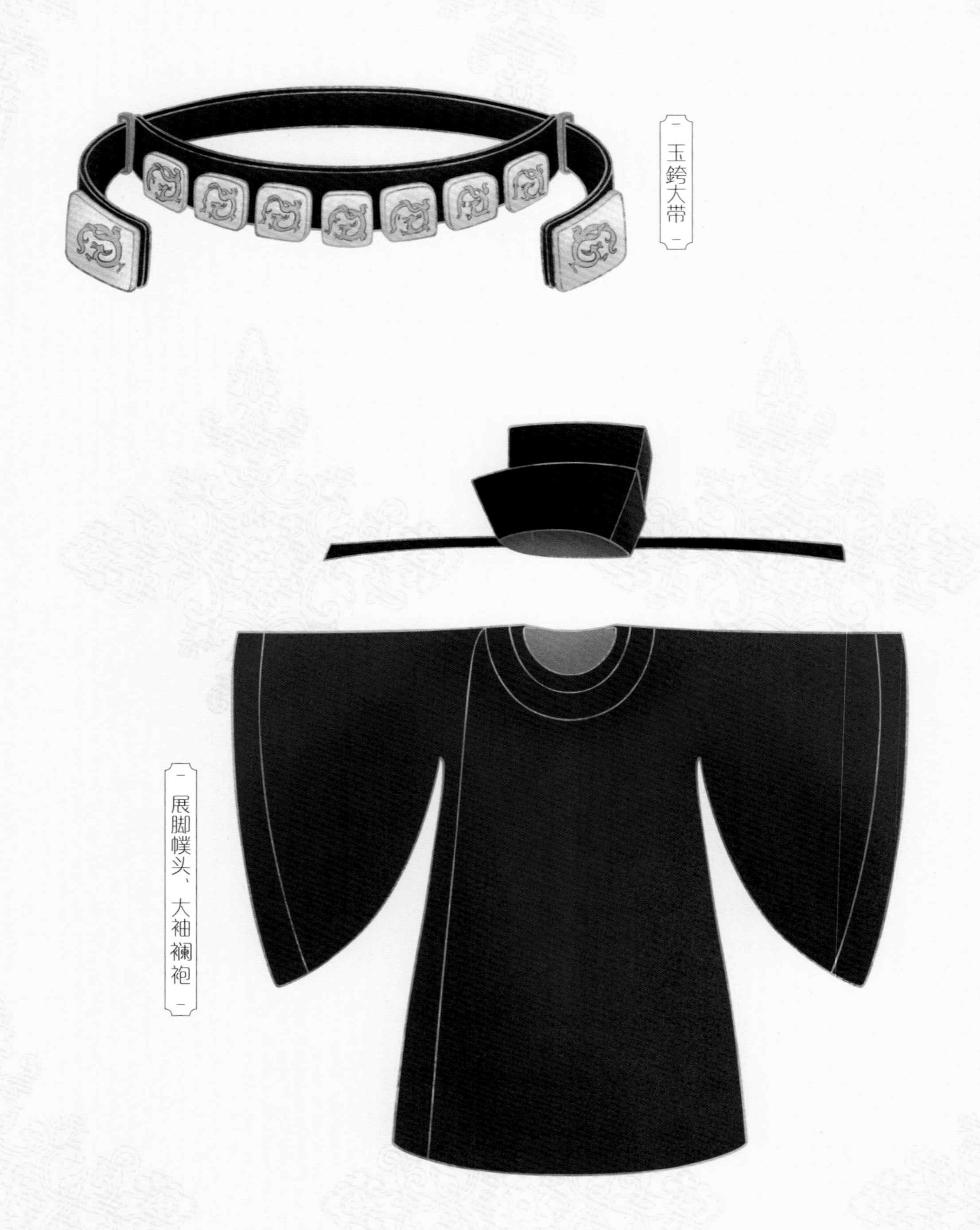

戴幞头、穿大袖襕袍的官吏

杨馆馆：古代官吏的“工作服”

古代官吏的“工作服”有两种：一种是朝服，一种是公服。朝服是官吏参加朝会时的礼服，而公服就是日常办公制服。公服是官吏区别于平民的重要标志。宋代公服形成了戴幞头、穿长袍、系革带、穿靴子的服制。五代时的朝天幞头到宋代已发展为直脚幞头，是宋代公服典型的首服式样。

宋代士人的服装，通用冠、巾、袍衫、束带等。

束巾子，穿袍衫、宽腿裤、高齿履的士人

扎巾、穿袍衫的士人
戴东坡巾、穿广袖袍的士人
戴束发冠、穿襦裙、披对襟衫的士人

女子服饰

宋代女子服饰有襦、袄、衫、裙、背子、半臂等，其中背子最具特色。女子大多把背子穿在襦裙或衫袄外面，上至王妃，下至平民都可以穿。宋代后妃的袆衣（祭服）礼服承晚唐五代服式，戴龙凤珠翠冠，极为讲究。

宋代袆衣是皇后册封朝见时常穿戴的礼服，深青色袆衣，绣红色翟鸟纹，青纱中单，朱锦大带，佩敝膝、绶带，舄加金饰。华贵的九龙四凤冠，饰有大、小珠翠各十二株。

戴龙凤珠翠冠、穿袆衣的皇后

袆衣

背子穿戴
窄袖短襦、长裙、披帛穿戴

襦裙在宋代仍然盛行。襦裙、半臂、披帛是宋代女子最经典的服式。背子也是宋代女子的常用服式，以直领对襟为多，袖有宽窄两式，上至后妃、下至平民，都可穿用。

女衫是夏季服饰，袖口宽大，衫长到膝盖或脚面。“窄罗衫子薄罗裙”的诗句描绘了衣衫的质地之美。

大袖罗衫、长裙

霞帔

佩戴霞帔的皇后

杨馆馆：什么是“霞帔”？

霞帔在宋代兴起，类似现代的“披肩”，它用金线绣制，绕脖子披在胸前，垂到膝盖下，底端系坠子。霞帔原本是宫中后妃穿礼服时佩戴，后来宫廷外受帝王封号的妇女也用。依据佩戴者身份的高低，帔坠材质有金、银、玉等。

宋代女子发式承晚唐五代遗风，以高髻为尚，有朝天髻、包髻等。冠式多样，皇后、贵妃、公主戴凤冠、九龙花钗冠等。贵族女子戴珠冠、重楼子花冠等。民间女子戴山口冠、花冠等。

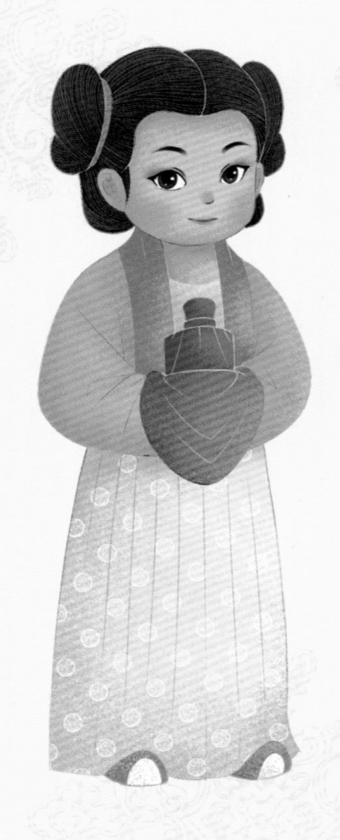
梳双髻，穿对襟短袄、百褶裙、翘头鞋的女子

梳包髻的女子

女袄是日常服饰，比襦更长，腰袖宽松，平民女子穿得多。

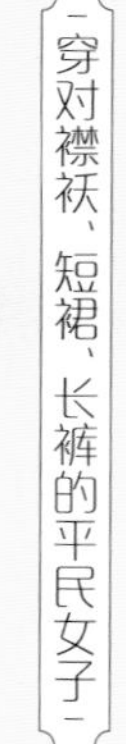
穿对襟袄、短裙、长裤的平民女子

印花罗对襟短袄